梦语人生

三笑 著

苏州大学出版社

梦志录

图书在版编目(CIP)数据

梦语人生 / 三笑著. —苏州:苏州大学出版社,
2015.11
 ISBN 978-7-5672-1540-5

Ⅰ.①梦… Ⅱ.①三… Ⅲ.①人生哲学—通俗读物
Ⅳ.①B821-49

中国版本图书馆 CIP 数据核字(2015)第 269451 号

梦语人生

三 笑 著

责任编辑 张晓明

苏州大学出版社出版发行
(地址:苏州市十梓街1号 邮编:215006)
苏州恒久印务有限公司印装
(地址:苏州市友新路28号东侧 邮编:215128)

开本 787 mm×1 092 mm 1/32 印张 4.375 字数 70 千
2015 年 11 月第 1 版 2015 年 11 月第 1 次印刷
ISBN 978-7-5672-1540-5 定价:9.00 元

苏州大学版图书若有印装错误,本社负责调换
苏州大学出版社营销部 电话:0512-65225020
苏州大学出版社网址 http://www.sudapress.com

作者简介

郭以根,笔名三笑,主任记者,江苏淮阴人。长期从事新闻宣传工作。1963年入伍,在部队团、师机关任新闻干事十年。转业后,历任徐州人民广播电台记者、编辑部副主任,徐州广播电视局局长、党委书记,徐州市委宣传部副部长。曾在《人民日报》《解放军报》《人物》及新华社、中央人民广播电台、中央电视台等省以上报刊、广电发表数百篇作品,其中有三十多篇获奖。多年来,潜心研究人生,研究青少年教育等问题,著有《笑语人生》《哲语人生》《警语人生》《家教心语》。

为三笑先生及其人生系列丛书点赞(代序)

刘逢光

"好雨知时节,当春乃发生。"

正当全国人民意气风发、斗志昂扬,为实现中华民族伟大复兴的中国梦而努力学习、工作和创业奋斗之时,三笑先生著的人生系列丛书之"梦志录"《梦语人生》,又将由苏州大学出版社出版发行了。首先,我表示由衷的祝贺!

三年前,也是在雨旸时若的三月,先生的人生系列丛书"梦思录"《笑语人生》、"梦醒录"《警语人生》和"梦得录"《哲语人生》同时出版。一年后,第四本"梦启录"《家教心语》也于马年之春面世。短短三年,五本二十七万多字教人如何面对人生、如何健康成长、如何立身行事、如何实现梦想的人生系列丛书鱼贯而成,实在令人振奋。

值得赞赏的是,这套丛书不只是其主题具有鲜明的时代特色,体现了社会主义核心价值观的基本要求,适应了不少被"成长中的烦恼"所困惑的迷茫者的心理需求,还在于它采用了独具匠心的格言体裁。其辞之精,其言之简,其意之切,其理之明,都是在同类书籍中较少见的。所以,这套丛书自然引起了一些专家、学者及广大读者的普遍关注和好评。尤其受到教育部门不少领导和老师的青睐与称赞,认为这是当前对青少年进行社会主义核心价值观教育的很难得的一门辅助读本。有的单位甚至直接向出版社提出团购的需求。正因于此,出版社重印时还在封面上特别加注了"中学生成长格言丛书"字样,足见其在青少年思想品德教育中的作用和价值。

纵观全书,我们可以深切感受到,"学会做人"

是人生的真谛所在。所以,它作为全书的灵魂,十分鲜明地贯穿于各本语书之中。如"笑语"中的"人的成功源于不断战胜自我","警语"中的"人生真正的风险在自己","哲语"中的"修养·律己·正我","心语"中的"让孩子学会做人比什么都重要",等等。本次出版的《梦语人生》,紧紧围绕"人,应该有什么样的梦想?如何选择梦想?又如何追求梦想、实现梦想?"作者明确指出:"人生的成功,从根本上说,就是做人的成功。……只要'人'真正立起身来,梦想就一定能如愿以偿。"我相信,"梦语"的出版,也必将和前"四语"一样,会为培育和践行社会主义核心价值观,共圆"国家富强、民族振兴、人民幸福"伟大梦想注入新的正能量。

　　作为三笑先生的老战友,读了"五语"丛书之后("梦语"为付印稿),我深为这位年逾古稀的老大哥所取得的这些优秀成果感到无比骄傲和自豪。我和郭兄在20世纪70年代中期曾在陆军第六十八军二〇二师政治部宣传科共事多年。在我的感受和记忆中,不管是本单位的领导、同事,还是上下级与他工作有联系的战友,无不为郭兄的人品、才气、待人接物、工作态度和笔下功夫所感佩与赞服。尤其不为人知的是,郭兄的视力不佳,有一只眼已几近失明。别人可以随心所欲地运用电脑查资料、写文章,可他不行,不得不沿用"爬格子"的老办法一字一句地精耕细作。二十七万多字啊!正如先生在前言中所谈到的,这几本书"与其说是'写'出来的,不如说是从我心里'流'出来的"。是啊,这"流"出来的绝不仅仅是先生五十年来"笑对、笑度、笑得"人生的切身感悟,更是用心血对自己光彩人生所铸就的德业立身、艰苦奋斗、不懈追求、终得硕果的真实写照!

为了表达我对三笑先生和他人生系列丛书的钦敬与赞赏之情,聊以不太入律的两首古风诗句记录于此,也算不负先生诚恳相邀,权且一并代为本书之序吧。

读三笑先生"五语"人生系列丛书有感八韵

古有"三言"叙世情,今朝"五语"话人生。
"三言"不外情和欲,"五语"尽闻雅正声:
　德业立身唯至要,人生理想乃魂灵;
　有为有守怀高义,知止知足心底明;
　宽广胸怀容海岳,达观心态自平衡;
　坚心不负鸿鹄志,治国齐家歌大风;
　夙夜劳勤无怠懈,尽其在我贵持恒;
　人生出彩终将有,中华之梦定圆成。

为三笑先生点赞

人文荟萃望东吴,自古奎星耀五湖。
"五语"篇篇争读诵,箴言句句溅玑珠。
　教人笑对人生事,劝尔达观八卦途。
　人生世路谁知我?一片冰心在玉壶。

(刘逢光,山东省卫计委原副巡视员,山东省人口学会常务副会长,山东省诗词学会理事,齐鲁师范学院名誉教授。)

写在前面

不负人生,不负人民,不负时代。

《梦语人生》是我继《笑语人生》《哲语人生》《警语人生》《家教心语》出版之后,人生系列丛书的又一本。这本书和其他几本书一样,与其说是"写"出来的,不如说是从我心里"流"出来的。前三本书出版后,我曾写过一首诗:"峥嵘岁月几十秋,世间万象心中留;十年心血铸'三语',只为世人解烦忧。"("三语"指由苏州大学出版社出版发行的《笑语人生》《哲语人生》《警语人生》)短短二十八个字,把我写书的基础、过程、成果、目的,清楚地勾画出来。坦率地说,对人生我有说不完道不尽的感悟和感慨。就说"梦想"吧,几乎人人都有,但是,人,应该有什么样的梦想?如何选择梦想?又如何追求梦想?……一系列问题都需要认真地探讨和正确地对待。有许多人不从实际出发,见"好梦"就追,结果拼死拼活,"鸡飞蛋打";有许多人为了"圆梦",利欲熏心,违法乱纪,结果"身败名裂";还有许多人,刚刚尝到梦中的几个"甜果子",就横行霸道,六亲不认……这一幅幅"梦景",猛烈地撞击着我的心志和良知,让沉淀在我心底里很久很久的许多话"喷涌"而出,无法自止。更为重要的一点是,习近平主席代表党中央向全国人民发出为"振兴中华,实现'中国梦'伟大号召以后,神州大地,春雷滚动;华夏儿女,群情振奋";"中国梦""我的梦"已成为时代的最强音,它为十三亿中华儿女追梦圆梦指明了前进方向,提供了强大动力。这种魅力无穷、震惊世界的"中国精神""中国风景",让我写书的热流更加强烈地喷涌出来。我想说的话有很多很多,归纳起来,就是衷心希望成千上万的"梦中人",追求梦想要做到三个"不负"。

不负人生。人生,对每个人来讲都只有一次,它珍贵无比。我们每个人无论何时何地,无论做什么事,都要对自己的人生负责。要知道,人生的成功,从根本上说,就是做人的成功。做人成功了,其他不成功也成功;做人不成功,其他成功也不成功。追求梦想,要做到"不负人生",就要在"做人"上下功夫,在提高人品、人格、人智、人德上下功夫,在提高"人"字的含金量上下功夫。只要"人"真正立起身来,梦想就一定能如愿以偿。

不负人民。在此书中,我写了这样一段话:"高山如果有情,它就会给大地下跪;小草如果有意,它就会给大地弯腰;没有大地就没有它们的一切。"父母、故土、人民大众就是我们的"大地",没有他们的养育就没有我们的一切。我们每个人无论追求什么梦,怎么去追梦,都要时刻把人民大众放在心上,懂得感恩,懂得责任,永远当好人民大众的公仆,让梦想之花在道德春雨滋润中盛开。

不负时代。所有追梦者应该明白,即使你是精英,如果不赶上这个伟大时代,你也难有辉煌;即使你是"迎春花",如果不赶上这个春天,你也难有笑脸。因此,我们要自觉投入改革大潮,紧跟时代步伐,为时代争光,为时代添彩。振奋精神,顽强拼搏,让自己的"小梦"甜美,让国家的"大梦"辉煌,让中华民族复兴的大旗,在世界民族之林中高高飘扬!

三 笑

2015 年 2 月 28 日

Contents 目录

● 梦想之花朵朵娇,关键你要好好挑

>>>>>> 1

择梦,是一门学问,也是一种智慧　3

梦想不要太多,追求不要太过　5

善于选择追求,本身就是最好的追求　7

选择的本质含义:一是想拥有,二是要负责　8

● 追梦万里路,走好每一步　　>>>>>> 13

梦在远方,路在脚下　15

空谈误国,空谈毁梦　16

不接地气的梦想,往往是空想　17

实干兴邦,实干圆梦　20

梦想在奉献中出彩,在创造中辉煌　22

- 业无德不兴,梦无德难圆 >>>>>> 25

  梦想的内核明亮,外表才会美丽动人 27

  人贵有志,梦贵有品 28

  诚实劳动是圆梦的最基本保证 30

  华夏圆梦,自强厚德 31

  "立德、立志、立业"是追梦圆梦的"三不朽" 33

  道德是社会最和煦的阳光 34

  有金灿灿品格的人才会有金灿灿的梦想 36

- 在"做人"中追梦,在追梦中"做人"

  >>>>>> 41

  没有成熟的人格,难有成功的梦想 43

  梦如其人,梦即其人 44

  人活着应该有梦想,但梦想不能只为自己

  活着 46

  在追梦中树人,让梦想之花在人的光彩中

  绽放 48

  做人指数的提升与梦想成功指数成正比 51

  放下贪欲和诱惑,梦想才能腾飞 53

利己、利人、利社会,应该成为追梦的"三原则"　56

黄金是需要的,但不能为夺取黄金拿人格去

　铺路　59

● 不经风雨雪,难得"梅花"香　>>>>>> 61

人生,没有历练,难有精彩　63

不愿付出登山的艰辛,就无法领略山巅的风光　65

捷径难就辉煌　66

即使迎风冒雨,也要笑迎彩虹　68

圆梦的最重要保证是目标始终如一　70

成功的最终经典往往在"痴"字上　71

● 追梦要懂得感恩,懂得责任　>>>>>> 73

追求梦想,应像播洒春雨,既沐浴自己,又滋润

　他人　75

在担当中追求梦想,在追求梦想中为民担当　76

浓烈的家国情怀应是我们追梦的强大动力　78

用"心"感恩,用"行"报答　80

恩,细品才甜;情,深悟才亲　82

离开人民大众,我们的一切都会失去根基　87

最值得历史铭记的是为民拓荒开路的人　88

● 大多数人的梦想是在平凡岗位上
实现的　　　　　　　　　　>>>>>>91

登山从平地起步,梦想在平凡中起飞　93
只要人不平庸,平凡职业也能光彩照人　94
在平凡生活中磨炼出不平凡的自己　96
梦想之树的根要深深扎在现实土壤之中　99

● 大梦兴,小梦圆;大梦美,小梦甜
　　　　　　　　　　　　　>>>>>>103

没有春天,百花难以争艳;没有民族的复兴,
我们的梦想难以实现　105
我们的美丽梦想应当成为时代旗帜上的光点　106
中国精神是兴梦之魂,也是我们幸福之魂　108
我们要让"小梦"繁花似锦,"大梦"光芒四射　111
国梦兴,家梦圆,己梦方成真　113
写在后面　118

梦想之花朵朵娇,关键你要好好挑

梦语人生

择梦,是一门学问,也是一种智慧

◎ 最好的梦想,不一定适合你;适合你的,也不一定是最好的梦想。

◎ 选择梦想,要懂得放弃,敢于和善于放弃,不懂得放弃就难有成功。

◎ 梦想的成功,不仅在于你拥有了什么,更在于你懂得了什么。你懂得了珍惜,懂得了感恩,懂得了人生,就是最大的成功。

◎ 大多数人的梦想,是在认真做自己并不喜欢但又应该做的事情中实现的。

◎ 如果你不懂得追梦的意义,最好不要轻易开启梦想的大门。

◎ 该忍则忍,该让则让,该舍则舍,该放则放,这样,你就会快乐舒畅。

◎ 美好的梦想,就像优秀的诗篇,读千遍万遍也不厌倦;就像流动的清泉,随时喝都很甘甜;就像优美的琴弦,每弹奏起来都让人快乐无边。

◎ 值得追求的东西都有可能成为你的梦想,但梦想的东西不一定都值得你去追求。

◎ 要让你的梦想成为现实,你就必须现实地去梦想。

◎ 人,要三思而后行,也要三思而后"梦"。

◎ 择梦,是一门学问,也是一种智慧。

◎ 梦的根立得越正,扎得越深,花就越美,果就越甜。

◎ 追梦,切忌陷入盲目性。有些梦尽管美好、诱人,但对你来说是"镜中花""水中月",你最好不要去碰。

◎ 好梦可以成就你的未来,坏梦可以毁掉你的人生。

◎ 世上没有完美无缺的事,也没有完美无缺的人,更没有完美无缺的梦。

梦想不要太多,追求不要太过

◎ 迷人的东西不一定都值得爱,真正值得爱的东西不一定很迷人。

◎ 追求的并不一定都珍贵;珍贵的一定会被追求。

◎ 梦想不要太多;追求不要太过;获取不要太贪。

◎ 追求越多,包袱越重。

◎ 不要因为捕捉麻雀而丢失了捕捉大象的机会。

◎ 海阔终有岸,得失却无边;世间多少事,无舍则无留。

◎ 人重要的不是知道什么,而是做了什么。

◎ 与其事事上心,不如择事而虑。

◎ 胸怀和视野往往决定人的前途。

◎ 立梦,要有信仰;择梦,要有思想;追梦,要有精神;圆梦,要有智慧。

善于选择追求,本身就是最好的追求

◎ 梦想,三个好不如一个绝,追求越多获益越少。

◎ 明白什么梦想该抓是重要的,明白什么梦想不该抓尤其重要。

◎ 梦想可以穿越时空,但无法摆脱现实,离开实际、实践,梦想就难以开花结果。

◎ 不该追求的东西不去追求,这本身就是最好的追求;不该计较的东西不去计较,实际上这是最好的计较。

◎ 盲目追求的东西越多,就会损失越多;计较不该计较的东西越多,就会收获越少。

◎ 善于选择追求,本身就是最好的追求。

选择的本质含义：
一是想拥有，二是要负责

◎ 和高的比,你也许觉得矮;和矮的比,你也许觉得高;和美的比,你也许觉得丑;和丑的比,你也许觉得美。高、矮、美、丑并不重要,重要的是对它要有正确的态度。比,是一门学问,会比,越比越清醒;不会比,越比越盲目。比,也是一种觉悟,会比,就能在比中找到差距,找到盲点,找到亮点,在比中振奋、腾飞。

◎ 人生前行如扣纽扣,如果第一个扣子扣错了,其他扣子都扣不好。

◎ 堂堂正正做人,老老实实做事,清清白白为官。

◎ 让道德的光芒照亮前进的方向,让智慧的力量成就梦想的翅膀。

◎ 奋斗,是青春最靓丽的底色;奉献,是人生最动人的乐章。

◎ 人,只有好好左右自己,才不会轻易被别人左右。

◎ 一个人,如果连眼前都看不到,还能看到未来吗?如果连亲友都没有,还能有幸福吗?如果连老祖宗都忘了,还能谈得上人德吗?

◎ 一个从来不在乎他人的人,也很难让人在乎他。

◎ 如果你能苦练"七十二变",笑对"八十一"难,那就没有成功不了的梦想。

◎ 坚守,是一种力量、一种品格、一种信仰、一种智慧,没有坚守,事业难以成功,梦想难以实现,人生难以辉煌。

◎ 实现"中国梦",没有旁观者,没有局外人,没有过路客。

◎ 人在生命的历程中,每一个重要的选择都需要胆识和勇气,更需要智慧和思想,选择梦想尤其如此。

◎ 选择的本质含义应该是:一是想拥有,二是要负责。不负责不应拥有,不拥有难以负责。

◎ 条条大路通罗马,但你只能行走其中一条;梦想之花千万朵,但你只能采摘其中的一朵。

◎ 一个人可以梦寐以求的东西多得很,值得你求的你求,不值得你求的你不要求;该你求的你去求,不该你求的你不要求;你能求到手的你去求,求不到手的不要去求。如何选择追求,不但是一门学问,更是一种智慧。

◎ 一个人,只有自觉,才能有自由;也只有自由,才能真正自觉。

◎ 梦想要长国人的根,聚国人的心,铸国人的魂。

◎ 珍惜美好的过去,是为了留住美好的现在,铸造美好的将来。

◎ 从最本质的意义上讲,"神枪手瞄准的是他自己"。

◎ 你如果能找准战胜自己的目标,就等于找准了你前进的方向。

◎ 少一点决断,多一点思考;少一点框框,多一点探讨。如果你能这样做,处理问题一定收益不少。

追梦万里路,走好每一步

梦语人生

梦在远方,路在脚下

◎ 不怕梦想的灯塔离我们远,只怕我们不努力向它靠近。

◎ 只要你能紧紧抓住当下,未来就不会太远。

◎ 在追求梦想过程中,我们应该坚持做到:环境优劣进取精神不能变;事情难易工作热情不能变;职务高低敬业态度不能变;得失多少追求劲头不能变。有了这"四不变",梦想就一定会向我们快步走来。

◎ 追梦,重在当下。未来是当下的未来,没有当下就没有未来。

◎ 认认真真地做人,这是"大"道理;踏踏实实地做事,这是小"道理"。这一"大"一"小",抓住不放,就是你圆梦的法宝。

空谈误国,空谈毁梦

◎ 自命不凡的人常与幻想为伍,却与梦想无缘。

◎ 追梦,遇到挫折失败并不可怕,可怕的是因此再也不敢和梦握手。

◎ 追求梦想应该力所能及,失度,失控,必然失望。

◎ 我国著名女航天员王亚平有句名言:"科学梦永不失重,飞天梦张力无穷。"

◎ 空谈误国,空谈误事,空谈毁梦。

◎ 路,铺不铺好在别人,走不走好在自己。

◎ 让别人扶着走路的人,时刻处于危险之中。

◎ 总站着不动的人永远没有路走。

◎ 路是自己走出来的,挡道的往往是自己,开道的也主要靠自己。

◎ 天空可以给鸟自由,但鸟的自由不能都靠天空给予。

◎ 一个人思想上没有路,脚下有路也没路;思想上有路,脚下没路也有路。

◎ 每个人的生命旅程中,都有高耸入云的泰山,就看你愿不愿爬,敢不敢攀。

不接地气的梦想,往往是空想

◎ 梦想,在学习中起步,在实践中腾飞,在创造中辉煌。

◎ 学习、实践、创造是人生成长、成熟、成功的

"三部曲",也是寻梦、追梦、圆梦的"三部曲"。

◎ 只有梦想的脚步扎实坚韧,梦想的车轮才会道道闪光。

◎ 不接地气的梦想往往是空想,没有人气的抱负往往是"包袱"。

◎ 脚踏着祖国的大地,胸怀着人民的期望,肩负着振兴中华的重任,这就是我们当代人崇高而光荣的使命。

◎ 为梦想打拼是当代青年最美好的风采,为改革开放奉献是当代青年最宝贵的担当。

◎ 位高不丢根,誉满不忘本,权重不营私。

◎ 如果你能找准战胜自己的目标,你就找到了你前进的方向,找到了你人生美好的梦想。

◎ 追寻美丽的梦想,莫留下丑陋的脚印。

◎ 如果你能用心研究自己"梦想"的脚印,你会走得更稳健;如果你能用心研究他人"梦想"的脚印,你会走得更智慧。"脚印"留给我们的不只是历史,还有财富。

◎ 实现梦想有大路也有小路,有直路也有弯路,但无论哪一条路,都必须坚定地去走,不走就没有路。

◎ 即便是"金种子",你不去精心播种,也难保丰收;即便是好梦想,你不去实践,等于白搭。

◎ 要获得金灿灿的丰收稻谷,就要有金灿灿的辛勤付出。梦想的果实是甜美的,梦想的根却是苦涩的。

◎ 梦想在远方,责任在肩上,工作在手中,起点在脚下。

◎ 梦想,不是想出来的,是干出来的。难题在实干中破解,办法在实干中见效,机遇在实干中到来。

◎ 求实务实,善始善终,善做善成,是实现梦想的最根本途径。

◎ 追求梦想,要拿出狮子率队的狠劲、燕子垒窝的恒劲、蚂蚁啃骨头的韧劲、老牛爬坡的拼劲,不达目的不罢休,不获全胜不收兵。

◎ 做事,只"等风""盼雨",永远成不了大事。

◎ 从今天做起,从眼前做起,从小事做起。认真做,坚持做,就没有做不成做不好的事。梦想,也一样。

实干兴邦,实干圆梦

◎ 人人美梦成真,处处充满笑声,家家美梦成真,国家发达兴盛。

◎ 生活在我们这个伟大时代里,我们每个人、每个家庭、每个群体的梦想,都必须自觉地和国家的命运、历史的责任、人民的期盼紧紧地联系在一起,否则,梦想就失去了它赖以生存的土壤,失去了它应有的光泽。

◎ 绝大多数人的梦想都是在平平常常、默默无闻、踏踏实实中实现的。

◎ 无诚信的交往,无尊严的人格,无良知的享受,无"底线"的获取,都可能把你引入"黑洞"。

◎ 当你奴役金钱时,你会风光无限;当金钱奴役你时,你会苦不堪言。

◎ 生活怎么对待你固然很重要,你怎么对待生活,更加重要。一个人没有乐观向上的生活态度,就难有美好幸福人生和梦想。

◎ 正确理解别人不容易,正确理解自己更难;理解需要智慧,还需要品格。

◎ 追梦万里路,走好每一步。

◎ 我们的现在如果没有伟大的梦想,我们的未来就难有灿烂与辉煌。

◎ 一个有伟大理想的人,不应该总是眷恋自己的那块"自留地"。

◎ 空谈梦想,等于没有梦想。

◎ 美好梦想的实现在未来,但没有现在就没有未来,紧紧抓住现在,就等于牢牢抓住了未来。

◎ 一个人只要对自己心上的"山"挖掘不止,世上就没有他移不去的"山"。

◎ 时代可以给你机会,但并不能保证你成功;领导可以给你岗位,但不能保证你有智慧。

◎ 自强不息,勇于进取,是一个人、一个国家、一个民族繁荣昌盛、走向辉煌的法宝。

梦想在奉献中出彩,在创造中辉煌

◎ 一个因循守旧、不思进取、坐享其成的人,难有美好梦想。机遇总是眷顾善于和勇于创新进取的人。

◎ 梦想,等不来,也想不来。梦想在求真务实、创新创造中获得。

◎ 青春,是希望的代名词,奋斗的代名词,也是成长、成才、成功的代名词。耽误了青春就耽误了人生。

◎ 青年时代,是意气风发拼搏进取的时代。在这黄金时间里,选择了奋进也就选择了收获,选择了奉献也就选择了高尚,选择了正确的世界观、人生观、价值观也就选择了自己光明的前程、美丽的人生。

◎ 人,尤其是年轻人,只有历练宠辱不惊的心理素质,培养百折不挠的坚强意志,保持乐观向上的精神状态,才能谱写无愧于祖宗、无愧于时代、无愧于人民,也无愧于自己的美好乐章。

◎ 梦想,在实践中生根,在拼搏中生长,在奉献中出彩,在创造中辉煌。

◎ 老老实实做人,认认真真做事,这是做人做事的最基本要求,也是追梦圆梦的最基本保证。

◎ 口号的真正魅力在于行动。

◎ 圆梦之旅,是践行宗旨、坚守信仰的过程,也是净化自我、提升自我的过程,这个过程是艰苦卓绝的,也是值得自豪与骄傲的。

◎ 梦想的真正魅力,只有在艰苦卓绝的追求当中才会真正感受得到。

◎ 舞台再美好,不能保证你演出精彩;环境再优越,不能保你梦想成真。

◎ 我们应该展开双臂,敞开心扉,拥抱时代,拥抱春天,拥抱梦想,紧跟民族复兴的伟大步伐,昂首阔步走向未来。

◎ 中华民族复兴的大梦,与我们个人家庭的"小梦"是血肉相连、气息相通的命运共同体。

◎ 时间给你最大的优惠政策就是在单位时间内提高对它的利用效率。

◎ 口号不能当粉擦。

业无德不兴,梦无德难圆

梦语人生

梦想的内核明亮，外表才会美丽动人

◎ 人生追梦的全过程，需要道德的全覆盖；没有道德的支撑，所有梦想的实现都不会美好。

◎ 梦的美丽与美好，美在志的高远、德的高尚、情的纯洁。

◎ 只有梦想的内核晶莹明亮，梦想的外表才会美丽动人。

◎ 梦是人的心"影"，人是梦的"底片"。

◎ 假如心志残缺，就难有圆满梦想。

◎ 在追梦做人中实现人生的梦想，在实现人生的梦想中更好地去做人。

◎ 梦想的翅膀应在法律和道德蓝天中飞翔，梦想的果实要用诚实和智慧去栽培。

◎ 梦想,应该在宽广的胸襟中展开,在洁净的天空中飞翔,在人民大众的欢声笑语中收获。

◎ 追求梦想,不但要有勇气和智慧,而且要有人品和人格。没有前者,走不远;没有后者,行不通。

◎ 一个人的胸怀、志向、信仰,铸就了他梦想的境界。

人贵有志,梦贵有品

◎ 给了别人阳光,自己也会跟着灿烂。

◎ 一个人梦想的乐曲只有自觉地融入时代的主旋律,才会变得悦耳动听。

◎ 弘扬真、善、美,传播正能量,崇德向善,见贤思齐,这应该成为我们每一个有梦想、有志向的人,最起码的精神追求和道德支撑。

◎ 只要让社会主义核心价值观内化于心,外化于行,我们就一定能够实现美好的梦想。

◎ 一个人,追求梦想的过程,应该是凝心聚力、提升自我的过程:提升思想境界,提升道德水准,提升知识智慧和能力。

◎ 追梦,靠信念信仰引航,靠人格人品支撑,靠知识智慧保障。

◎ 业无德不兴,人无德不立,梦无德难圆。

◎ 庭院里蹓不出千里马,花盆里长不出万年松。有志青年应该在迎难克坚中追求卓越,实现人生梦想。

◎ "政贵有恒",业贵有德,人贵有志,梦贵有品。

诚实劳动是圆梦的最基本保证

◎ "功成不必在我","名就不必贵我"。人生,要成就一番事业,要实现美好梦想,摆好"我"字非常重要。

◎ 敢作为,勇担当,言必信,行必果,应该成为我们自律自强的准绳,成为实现人生梦想的保证。

◎ 当权者太舒服,老百姓就不会舒服;当权者太自由,老百姓就难自由;当权者太富有,老百姓必然受苦穷。

◎ 人贪我不贪,自律;人烦我不烦,淡定;人迷我不迷,自醒;人怠我不怠,奋进;这应该成为我们每一个负责任敢担当的中华儿女的行为自觉与人生自律。

◎ 诚实劳动是一切事业成功的最基本保证,也是人生幸福美满的最基本保证,没有诚实劳动,所有梦想都是一句空话。

◎ 诚实劳动最光荣也最崇高,最伟大也最美丽,诚实劳动是我们安享幸福的法宝,也是我们实现梦想的法宝。

◎ 贪吃懒做、好逸恶劳、游手好闲、投机取巧、坐享其成等恶习是青年人成长中的大敌,也是人生美好梦想的大敌。大敌不除,一事无成。

◎ 诚实守信是做人之本,重德向善是立人之魂。

华夏圆梦,自强厚德

◎ 人,不怕天冷,就怕情冷;不怕玉碎,就怕心碎;家宽不如心宽,财富不如心富。

◎ 家庭万千事,家风重千金。

◎ 华夏圆梦,自强厚德。

◎ 你如果不理文明,文明不会不理你;你如果不遵守道德,道德照样会去找你;你如果违犯法纪,法纪不会饶恕你。人,要自由,需自律;要快乐,需自尊;要幸福,需自强;要享受,需奉献。

◎ 一个人,假公济私的最后结果,既损害了公,也毁害了私。

◎ 重义轻利,先义后利,取利有道,应该是我们一以贯之的道德准则和行为规范。

◎ 正确对待"义"与"利",重视道德与责任,是我们优秀传统文化的重要内容,是我们处理内外关系的重要准绳。

◎ 我们的根基在人民,血脉在人民,力量在人民。

◎ 让正能量发扬光大,让负能量自我消化。

◎ 真正能让人们倾倒的是一个人的内美。外美醉眼,内美醉心。

"立德、立志、立业"
是追梦圆梦的"三不朽"

◎ 奉献是人生最美丽的色彩,创业是春天最动听的旋律。

◎ 你伸张了正义,正义也伸张了你;你为社会发光发热,社会也温暖了你;你拥抱正能量,正能量也在滋润你。

◎ 正能量就在我们身边,托起向上的力量,有时只是举手之劳。

◎ 让青春年华,展开梦想的翅膀,在奋斗中前行,在奉献中闪光,在创新中辉煌。

◎ 克己奉公是一种自我升华,奋发进取是一种人生态度,诚实守信是一笔人生财富,助人为乐是一种精神享受。

◎ "立德,立志,立业"应是人生的"三不朽"。

◎ 快乐一颗心,幸福一家人。

◎ 抓住了民心,找到了"最大公约数",就找到了力量所在、希望所在。

◎ 美应细察,不细察难得美之神。恩当细品,不细品难懂恩之情。

◎ 让阳光的、高尚的、美好的东西占领你的思想阵地,让你的梦想扬帆远航、谱写华章。

道德是社会最和煦的阳光

◎ 千百万人的善念就是一笔无比巨大的财富,一种无以比拟的力量。

◎ 让相互摩擦的火花熄灭,让互相关爱的火焰升腾。

◎ 把愚昧的腐叶埋藏,让文明的嫩芽绽放。

◎ 牢记历史,珍惜现在,创造未来。

◎ 业无信不兴,人无信不立,社会无信不稳。

◎ 道德是社会最和煦的阳光。

◎ 乐尝餐桌美味,勇品人生百味。

◎ 丹心与旭日同辉,仁爱与白云共洁。

◎ 耐得住寂寞,守得住清贫。

◎ 人们对今天的掌控往往取决于对未来的把握。

◎ 道德是一团火,能温暖他人;道德是一面镜子,可以映照他人;道德是一笔财富,可以富裕他人。

◎ 人生最难的不是获取什么,而是舍弃什么。

◎ 美好的东西如果来得太快,失去的日子也不会太远。珍贵的东西如果获得太容易,它在你心中的价值也不会太久长。

◎ 我们应该明白,一个人追求梦想的真正意义和价值主要在实现梦想过程之中。

◎ 人生因梦想而改变,祖国因梦想而美丽。

有金灿灿品格的人
才会有金灿灿的梦想

◎ 中国山水画讲究"三远":高远,阔远,平远。具有这"三远",才可称得上奇绝。人的心态也应该和精美的山水画一样,追求"三远",有了这"三远",就有了宁静秀美。

◎ 心无染,欲境是仙都;心邪恶,乐境变苦海。

◎ 宁静多妙静,躁动失纯真。

◎ 真正懂得了美丑,人生的足迹就一定会干净。

◎ 黑暗并不可怕,可怕是你心中没有阳光。

◎ 抛开得失,你就能轻松;远离恩怨,你就会快乐;淡泊名利,你就能挺立;轻松、快乐、挺立能给你追梦注入无比强大的动力。

◎ 良好的心态是生命的常青树;乐观向上是人生的长寿果。

◎ 人,高贵不一定高尚,高尚一定高贵。

◎ 美好的未来需要有美好的梦想,美好的梦想可以造就美好的未来。

◎ 人生的梦想,应该是深埋在人心底的愿望与期盼,是生活的追求与指南。

◎ 具有金灿灿品格的人才有可能追求到金灿灿的梦想。

◎ 要想梦想成真,就要在做人上求"真"。

◎ 梦想,可以不辉煌,但一定要美好。

◎ 没有健康向上的生活态度,就无法实现美好的梦想。

◎ 享受不但要讲究科学,还应讲究道德。如果不讲究科学和道德,享受很可能成为罪孽。

◎ 享受是一种权力,用权得当是福,用权不当是祸。

◎ 自力更生得来的享受像补品,不劳而获得来的享受像毒品。要珍惜"补品",远离毒品,贵在自觉和清醒。

◎ 进口的食品并非美味才富有营养,进耳的话语并非动听才使人舒服。

◎ 我们每个人的心底,几乎都有一处或大或小的暗角,人与人相处不要太苛求,太苛求,伤人也伤己。

◎ 一个人如果把精力都耗在结交"圈子"上,放在琢磨上司的心思上,他的生活必然会黯淡无光,迟早会跌入可怕的"污水坑"。

◎ 私心太重走不远,杂念过多包袱沉。追梦万里路,需要轻装行。

◎ 补好精神之"钙",筑牢思想之"魂",是做人之需,也是圆梦之要。

◎ 运用"底线思维"方法,遇事从最坏处着想,向最好处努力,是成功之道,也是圆梦之道。

◎ 亲友之间,别让等待成为遗憾,别让许诺成为期盼,别让馈赠成为麻烦。

◎ 人心换人心，黄土变成金。

◎ 黄金般的梦想，需要有黄金般的付出，才能有黄金般的收获。

◎ 如果你心里总是飘动"蓝天白云"，那么你的生命就一定会"四季如春"。

在「做人」中追梦,在追梦中「做人」

梦语人生

没有成熟的人格,难有成功的梦想

◎ 追求梦想的过程,实际上是历练人生、体察人生、收获人生的过程。对人生认识、感悟越深刻,梦想就越容易实现。

◎ 没有成熟的人格难有成功的"梦想"。

◎ 追求梦想的真正收获是历练人生的收获。

◎ 人的成熟比梦想成功更重要。

◎ 追求梦想中,最可怕的事情是在梦中看不清"人",看不到"人"。

◎ 一个人要不虚度年华,最最重要的事情就是在生命的白纸上认认真真地写好"人"字。"人"字写得好,人生才会亮丽多彩。

◎ 言行没有"底线"的人,注定一生坎坷。

◎ 梦,无论怎样追,其核心都在"人"字上,落脚点也在"人"字上。

◎ 人实梦实,人真梦真;人智梦智,人美梦美;梦如其人,人如其梦。

◎ 有黄金般品质的人,才会拥有黄金般的梦想。

◎ 梦,是你珍藏在心底的"彩虹",是指引你前行的灯塔。

梦如其人,梦即其人

◎ 立志、立梦、立人,这"三立"应该成为所有梦中人的"座右铭"。

◎ 一般说来,清醒的人不会做糊涂梦,糊涂人也难做清醒的梦,"梦如其人,梦似其人,梦即其人"。

◎ 人生,要使自己的梦出彩,首先人要出彩,没有出彩的人生,难有出彩的梦。大庆人的"石油梦",航天人的"飞天梦",华西人的"致富梦",小岗村人的"改革梦",袁隆平的"水稻高产梦",无不证明这一点。

◎ 梦有美、丑、虚、实、雅、俗之分,梦是人灵魂的一面镜子。

◎ 追梦的过程应该成为每个人大写"人"字的过程。"人"字写得好了,梦想不成也成;"人"字写不好,梦想成也不成。

◎ 人生梦想,时时刻刻都离不开"人"字,立梦靠人志,追梦靠人智,圆梦靠人德。一旦离开"人"字,梦就可能变质变味。

◎ 一个人真正的魅力和价值主要不在他拥有什么,而在他实际是什么。

◎ 梦想是人的梦想,只有老老实实地做人,踏踏实实地做事,梦想才能发出美丽的光彩。

◎ 世上最难做的梦,就是如何"做人"。

人活着应该有梦想,
但梦想不能只为自己活着

◎ 梦,是不同世界观、人生观、价值观的人的心灵缩影。

◎ 谱写梦想的美丽乐章,就是谱写自己美丽的人生。

◎ 追求梦想的过程应该是摆脱愚昧、文明自我的过程。

◎ 一切以我为轴心的人,人生是难有美好梦想的。

◎ 人活着应该有梦想,但梦想不能只为自己活着。

◎ 一个人如果"心灵美"的指数不高,他人生梦想的美好指数也不会高;一个地区如果"生态美"

的指数不高,人民群众的幸福指数也不会高。

◎ 如果你能找准对自己的宣战点,就等于找到了进步的台阶。

◎ 世上真正难以攀越的山在人们心里,真正难探测的海也在人们心里。

◎ 在我们这个中华民族大家庭里,人与人之间,既是利益共同体、命运共同体,更是责任共同体,我们一言一行,要对自身负责,也要对他人负责,对社会负责。

◎ 如果朋友的鼓励是你前行的冲锋号,那么反对你的人的声音,也许就是你耳边的警钟。冲锋号能让你接近胜利,警钟却能让你远离失败。

◎ 大海的力量在于水滴抱成了团。

◎ 文明是人民大众最美好的福利事业。文明是人民大众的文明,进步是人民大众的进步。没有人民大众的进取,就没有社会的文明进步。

◎ 多一点忍让和宽容,多一点理解和尊重,多一点关爱和相助,这就是我们凝心聚力做好工作的法宝,也是我们追梦圆梦的必然要求。

◎ 人与人之间,忍让宽容风景美,理解尊重春满园。

◎ 利益面前,后退一步天地宽;机遇面前,抢先一步天地宽;权力面前,尽心尽责天地宽;困难面前,冲锋在前天地宽。

◎ 云动非本意,山呼是它音;世间万千事,去伪才得真。

◎ 如果书香能像阳光一样照亮生活的每个角落,那人生一定光彩照人。

在追梦中树人,让梦想之花在人的光彩中绽放

◎ 无论你走到哪里,都不要忘记故土的芳香;无论从事什么工作,都不要忘记老百姓的期望;无

论你多么富有,都不要忘记祖宗的教诲。

◎ 人的一生,缺钱,痛苦;缺情,痛苦;没有美好的梦想,就会加倍痛苦。

◎ 别人可以帮你实现梦想,但实现梦想绝不能只靠别人帮助。梦想之路只能靠自己在奋斗中开辟。

◎ 实现梦想,除了外部条件之外,自身要有两把"金钥匙",一把是"净化自我",一把是"奋斗不息"。

◎ 一个人,名德的优劣和人格的贵贱,往往在如何获得和怎样对待名、权、利上明显地表现出来。

◎ 一根尺子,能量出物的长短,也能量出用尺人的优劣;一杆秤,能称出物的轻重,也能称出用秤人的正邪。

◎ 凡是空谈泛滥的地方,实干家一定受委屈;凡是歪风盛行的地方,正气一定受压抑;凡是愚昧落后的地方,文明一定受冷落。

◎ 迷人的东西不一定都值得爱,但值得爱的东西一定很迷人。

◎ 同在春天里,人家温暖你不一定温暖;同在秋天里,人家收获你不一定收获;客观影响主观,但替代不了主观。

◎ 人需要望远,更需要致远。

◎ 有智慧就会有财富,有财富不一定有智慧。智慧能创造财富,财富却创造不了智慧。人生最紧缺的是智慧而不是财富。

◎ 凡有水的地方就有人群,凡有人群的地方就有名利,凡有名利的地方就有争斗,凡有争斗的地方就有兴衰,这就是历史,这就是社会。

◎ 山因谷而高,海因岸而深,明因暗而亮,清因污而洁。

◎ 科学与文明之光,就是社会希望之光、幸福之光。

做人指数的提升与
梦想成功指数成正比

◎ 追梦,千难万难,难在一个"人"字上。把"人"字写好了,一切困难就迎刃而解了。

◎ 追梦者应该明白,名、权、利可以是你人生的"金山",但绝不能成为你生命的"灯塔"。

◎ 坚持在阳光下干事,干见得"阳光"的事,这样获得的果实一定香甜无比。

◎ 名、权、利可以给人带来幸福、快乐,但幸福、快乐的内核绝不是"名、权、利"。

◎ 在现代社会里,"我"字在激烈竞争中膨胀,在紧密联系中渗透,在相互依存中变形,在弱肉强食中疯狂。不端正"我"字,梦想就失去了飞翔的翅膀。

◎ 品茶,品的是"兴";饮酒,饮的是"情";读书,养的是心;做事,炼的是"人"。

◎ "做人"提升指数与"梦想"成功指数成正比。

◎ 追梦,可能有千难万险,难,难在自己;险,也险在自己。只要能下定决心排除自己身上的难和险,其他难、险都不在话下。

◎ 一个人要远征,就要舍得放下身上的包袱。追求梦想是人生的一次远征,不放下该放的东西,是无法实现的。

◎ 连梦想也没有的人,什么事也难做成;只有梦想不付诸实践的人,同样也难成就事业。

◎ 美好的事业未必成就美好的人生,美好的人生却可以成就美好的事业。

◎ 一个人如果没有根,即使攀上大树往上爬,迟早也会枯死。

◎ 一个没有精神力量支撑的民族难以自立自强,一个没有精神力量支撑的人也难以成才成功。

放下贪欲和诱惑,梦想才能腾飞

◎ 追求梦想,只要你自己不挡路,就没人能挡住你的路;只要你自己不服输,就没人真的能让你输;只要你自己不畏难,就没有过不去的火焰山。

◎ 在追梦过程中,如果能放下包袱就能走得远;如果能摆脱诱惑就会很清醒;如果能远离贪欲就一定会腾飞。

◎ 冷酷的情怀结不出和融的果实。

◎ 追梦,不怕风狂雨骤,就怕"帆破船漏"。

◎ 莫让虚荣和得失成为断送你前途和命运的刽子手。

◎ 成于忧患,败于安乐;兴于奋斗,毁于骄狂。

◎ 良知不能昏睡,道义不能色盲,情义不能断绝,心志不能衰亡。

◎ 骄躁是人的冤家,骄横是人的坟场。

◎ 快乐是生命的春光,痛苦是精神的严霜。

◎ 一心只为自己追梦的人,梦境中必然"杂草丛生""荆棘密布"。

◎ 心路是通往梦想的道路,只要心路闪光,梦想就定会"金碧辉煌"。

◎ 人的一生中,大部分失败和挫折都是由于不能清醒认识自我、超越自我造成的,要走好人生之路,端正自我非常重要,追求梦想尤其如此。

◎ 事情做错了并不可怕,可怕的是因此你不再去做事。

◎ 如果能远离烦恼和痛苦,就等于靠近了快乐和幸福。

◎ 一个人对待名、权、利的态度,就是他对待人生的态度。

◎ 一个人坚持走正道,能把"歪道"走"正";坚持走邪道,能把"正"道走"歪"。

◎ 警醒是人生升华的一个重要阶梯。

◎ 人生常常处于无常无名流动的风雨之中,只有时时自立自警,方可稳健前行。

◎ 和衷济节义,谦德成功名。

◎ 一个只知索取、不懂奉献的人,是不会有美好人生的。

◎ 人,可怕的不是一辈子没有多少财富,真正可怕的是一辈子不要命地追逐财富。

◎ 思想没有地平线,美梦要有警戒线。

◎ 世上没有不破的泡沫,也没有不灭的幻想。

◎ "热中有冷",能让你清醒地前行;"冷中有热",能让你执着地追求;"冷热无常",会让你一事无成。

◎ 一个人,如果没良心地坑害别人,没道德地发财致富,没品格地粉饰自我,也许他能圆自己的一个"梦",但那梦的内核一定丑恶无比。

◎ 欺世盗名,欺的是自己,盗的也是自己。

◎ 人,上山容易,下山难。

◎ 在追梦过程中,无论情况多么特殊,你都不能违犯法规"闯红灯";无论诱惑多么强烈,你都不能拿性命去"走钢丝"。不战胜风险,无法迎来梦想的春天。

利己、利人、利社会,应该成为追梦的"三原则"

◎ 一个人追梦的轨迹,不但应该是坚定的,而且应该是净洁的。

◎ 风雨再狂,不应改变你追求梦想的指向;诱惑再多,不应改变你人生的方向。

◎ 如果人们以追求黄金的精神去追求人生的梦想,那么,梦想就名副其实地成了人生命的黄金。

◎ 利己、利人、利社会是做人、做事的"三原则",也应该是人们追求梦想的"三原则"。

◎ 人世间,有诱惑力的"梦想"多得很,你要是想追求,再有十次百次的生命也追求不完。该你追求的梦想你去追求,不该你追求的梦想不要去追求,不理智地追求梦想,得到的很可能不是幸福而是悲苦。

◎ 谁都有权利追求自己的梦想,但谁都无权利违反追梦的基本行为准则,这就是利己、利人、利社会。

◎ 有的人追求梦想不成功,不是没有才学,而是没有胸怀,没有德行,没有人缘。

◎ 贪婪,让人生所有道路都坎坷不堪,追梦也不例外。

◎ 贪欲会让人浸泡在无边的苦海中,它能让人把美梦变成噩梦。

◎ 人生缺少钱财并不可怕,可怕的是为了钱财而不要命。

◎ 世界上的诱惑太多太多,如果为了诱惑改变了人的志向,那他这一生可能苦不堪言。

◎ 假如一个人一生什么追求都没有,那是平庸的;但是如果一个人一生什么都追求,那他就可能是愚蠢的。

◎ 名、权、利把握得好是个宝;把握得不好可能是害己伤人的"刀"。

◎ 一切都围绕名、权、利转的人,最后可能找不到"家"。

◎ 人生真正的丰收是真情的丰收,道德的丰收,人性的丰收。

◎ 不劳而获者应该知耻,不劳而享者应该知愧。如果连耻愧之心都没有,那就既可恨又可悲。

◎ 追求梦想需要有豪言壮语,但只有豪言壮语追求不了梦想。梦想之花靠智慧的汗水浇灌,梦想之果在艰苦付出之后获得。

◎ 人的许多东西可以写在脸上,但更要刻在心里。

◎ 大千世界,万般美景,但它并不真正属于你,真正属于你的美景只在你手中和脚下。

◎ 人为万物之灵,梦想则是人的心灵之花,一个能让心灵之花盛开不败的人,永远魅力无穷。

◎ 宁要有德之"草",不要无德之"宝",不义之财是祸,灾祸! 不义之梦是过,罪过。

◎ 贪欲给人的动力越大,让人毁灭得就越快。

◎ 如果金钱、物质被人爱得死去活来,那么人就会被金钱、物质害得死去活来。

◎ 人类真正的"塌天之祸"是精神支柱崩溃。

黄金是需要的,但不能为夺取黄金拿人格去铺路

◎ 看淡得失,你会轻松;看轻恩怨,你就快乐;看破权位,你就自由;看清自己,你就自觉。

◎ 在任何情况下都能把握住自己的人是强大的。

◎ 不能控制自己不良情绪的人时刻处于危险之中。

◎ 珍贵的不一定渴求,渴求的不一定珍贵。该有的没有是遗憾,不该有的有是麻烦。

◎ 因为风浪大才需齐心协力划桨;因为齐心协力划桨才抵御了大的风浪。

◎ 只有真正懂得人生应该怎样度过,才算真正进入了人生的黄金时期。

◎ 人生最大遗憾是在走完人生前夕才醒悟人生不该这样度过。

◎ 世间的许多诱惑,先让你快乐,后让你痛苦;先让你风光,后让你遭殃;先让你上天堂,后让你下地狱。

◎ 黄金是需要的,但为夺取黄金我们不能拿生命与人格去铺路。

◎ 世上真正的愚蠢是视财如命、为财舍命。

不经风雨雪,难得「梅花」香

梦语人生

人生,没有历练,难有精彩

◎ 在坎途上畏首畏尾止步不前的人,总是与美梦无缘。

◎ 人世间,所有大道都是崎岖坎坷的,所有伟业都是艰苦卓绝的,振兴中华的伟大梦想,尤其如此。

◎ 人的一生,能有一两次刻骨铭心的历练是非常必要、无比宝贵的,没有历练,难有精彩。

◎ 一个人,几十年如一日坚持走上坡路并不容易,但它却是人生安全所在、希望所在。

◎ 成功是穿越失败的曙光,失败是接近成功的风帆。如果不能在失败中站立,就失去成功的希望。

◎ 追求美好的梦想,会让你付出很多很多,但它拓宽了你生命的厚度,提高了你生命的亮度。

◎ 追梦没有坦途。

◎ 追梦要踏石有印,抓铁有痕,锲而不舍。

◎ 追求梦想要敢于涉深水,踏险滩,攀高峰。

◎ 所有美好梦想的实现都不可能轻而易举,能轻而易举实现的梦想不一定美好。

◎ 梦的美景,需用辛劳和智慧作为油彩去描绘。

◎ 如果你有一分放飞梦想的激情,就要有十分实践梦想的准备。梦想的花,只有用实践的汗水去浇灌才会结果。

◎ 追梦,不怕有弯路,就怕走邪路。

◎ 追梦有快乐更有险阻;有胜利的喜悦,更有失利的熬煎。追梦过程是历练自我、提升自我的过程。从这个意义上讲,追梦收获过程比收获结果更有意义。

◎ 美好的人生是在艰苦卓绝追求梦想中实现的。

不愿付出登山的艰辛，就无法领略山巅的风光

◎ 一般说来，许多人并不缺乏追梦的才干，而是缺少追梦的志气、勇敢和品格。

◎ 要成就人生有价值的事，离开奋斗和奉献，别无选择，追求梦想也如此。

◎ 梦想的天空是美丽动人的，但梦想的路径却是艰难曲折的。

◎ 追求梦想如果做表面文章，不但毁了梦，也毁了人。

◎ 艰难曲折是人生追求梦想中一块不可缺失的"磨刀石"。

◎ 追求伟大的梦想是一条"朝圣"的路，需要有纤夫的精神和红军长征的勇气。

◎ 人生所有的成功,归根到底是"做人"的成功,追求梦想也不例外。

◎ 不愿付出登山的艰辛,就无法领略山巅的风光。

捷径难就辉煌

◎ 在追梦中,如果你挺起腰杆,困难就会越来越少;如果你留住叹息,困难就会越来越多。

◎ 坎道走得稳,坦途易摔跤。

◎ 只想走直路,上不了高山;只贪恋小溪,难遨游大海。

◎ 捷径难就辉煌。

◎ 只要勇于品尝人生的酸甜苦辣,敢于搏击人生的风雨雷电,美好的梦想就一定能实现。

◎ 对于一个人来讲,何为"顶天立地",顶天,就是有思想,有理想,有抱负;立地,就是踏实、扎实、真实、奋斗。

◎ 人生是在不断战胜自我中成长、成才、成功的,也是在不断追求理想、信仰中成长、成才、成功的。

◎ 要想成功,就要不断做超越自我的文章。

◎ 追梦,要有"千磨万击还坚韧,任尔东西南北风",一往无前、无所畏惧的精神。

◎ 一个人的梦想,是昨天的,也是今天的,更是明天的。

◎ 梦想的起点要实,终点要正,路线要明,实践要韧。

◎ 中华民族的优秀文化传统,是我们民族的"根"和"魂",丢失了它,我们的生存就失去了"根基",梦想也不例外。

即使迎风冒雨,也要笑迎彩虹

◎ 胜利中的英雄是可敬的,失败中的英雄不但可敬,而且伟大。

◎ 在胜利中挺立容易做到,在失败中仍然屹立十分难得。

◎ 追梦要有唐僧取经的精神,风雨同舟,甘苦与共,千难万险,矢志不移。

◎ 道路不可能一帆风顺,梦想不可能一夜成真,越是美好的东西,越要付出艰辛的努力。世上万事出艰辛,万事成艰辛。

◎ 梦想不是盼来的、等来的,更不是想来的。梦想在实践中闪光,在奋斗中成长,在奉献中开花结果。

◎ "知之非艰,行之唯艰",追求梦想,"一个行动胜过一打纲领"。

◎ 追求梦想必须要有"三股劲":踏石留印、抓铁有痕的狠劲;滴水穿石、磨杵成针的韧劲;逢山开路、遇水架桥的闯劲。

◎ 即使深陷泥泽,也要仰望星空;即使迎风冒雨,也要笑迎彩虹;坚守信仰,迎难而上,是一切成功的最重要保证。

◎ 一个人从思想自觉到行动自觉,是不断净化自我、提升自我的过程,是不断压迫自己、折磨自己的过程。不经过这一历练,就无法做到顶天立地、无往而不胜。

◎ 治国容易治家难,欲治好国先治好家,欲治好小家,先治好自我。

◎ 不历尽追梦的艰辛,难品出圆梦的甜蜜。

◎ 高谈阔论梦想的"名嘴",永远与梦想无缘。

◎ 口号喊得越多,梦想离你越远;辛劳付出越多,梦想靠你越近。

◎ 世上轰轰烈烈、一鸣惊人的梦想是没有的,不经风霜冻哪有梅花香。

◎ 追求梦想,失败并不可怕,可怕的是再也站立不起来。

圆梦的最重要保证是目标始终如一

◎ 所谓成功,就是不惧怕失败;所谓失败,就是放弃了成功。

◎ 所谓希望就是远离失望,所谓失望就是丢失了希望。

◎ 所谓快乐,就是排除了痛苦;所谓痛苦,就是丢失了快乐。

◎ 追梦,应该这样去行动:让文明成为生活;让道德成为自律;让科学成为自觉;让物质成为保证;

让快乐成为追求。

◎ 梦想的美丽图景,是追梦人用汗水和智慧浇铸成的。

◎ 实现梦想的路径有许多可以选择,但真正要坚持的只能有一条。

◎ 一个人,无论梦的大小,要真正实现,都要竭心尽力、始终如一。

◎ 追梦,不但要有满腔的热情、浓烈的兴趣,更要有踏石有印、抓铁有痕的韧劲和毅力。

成功的最终经典往往在"痴"字上

◎ 要想美梦成真,就要追梦铁心。

◎ 只要心中有一团不灭的"火",梦想的"灯"就一定能长明。

◎ 鼓实劲、讲实话、重实效,应是成就一切事业的准绳,也应该是我们每一个人成就梦想的准绳,梦想的花朵在智慧的汗水浇灌中绽放。

◎ 处人处事,注意细节不仅是一种习惯,还是一种精神、一种品格、一种希望。没有细节的完美,人生就没有成功与辉煌。

◎ 追梦无坦途,也没有捷径。

◎ 不战胜自我,无法择梦;不走出自我,难以圆梦;沉迷自我的人,不会有梦想的乐园。

◎ 浮飘、浮躁、浮浅是成就事业的大敌。"三浮"不除,人生的路永远走不好。

◎ 如果你把"失败"看成梦想的"暗点",那么在失败中挺立起来,就是梦想的"亮点"。

◎ 世上最难读的一本书,是认识自己。世上最难跨越的山峰,是超越自己。

◎ 成功的最终"经典",往往在"痴"字上。

◎ 心通胜过神通。

追梦要懂得感恩，懂得责任

梦语人生

追求梦想，应像播洒春雨，既沐浴自己，又滋润他人

◎ 圆梦不忘助梦人。

◎ 许多人的失误和失败，不是在追梦之中，而是在圆梦之后。以什么样的精神、品质、风格追梦是对人生一大考验，以什么样的精神、品格、风格对待圆梦的成果同样是对人生的一大考验。梦想的甜美果实，在分享中才能充分品出味来。

◎ 能造福个人、造福家人的梦是美好的；能造福大众、造福社会的梦是更加美好的。作为一个人，不但要努力圆个人、家庭的"小梦"，更要为民族、国家的大梦自觉奉献。"吃水不忘掘井人"，这不但是精神，更是道德。

◎ 追求梦想，应该像播洒春雨一样，既能沐浴自己,也能滋润他人。

◎ 拥抱梦的胸怀越宽广,梦想就越有意义。追求梦想的脚步越踏实,梦想的果实就越甜蜜。

◎ 成长、成才、成功是人生的一大辉煌;奉献他人,奉献社会,奉献国家,更是人生的一大辉煌。

◎ 寿命是生命的长度,品位和奉献才是生命价值。

在担当中追求梦想,在追求梦想中为民担当

◎ 在为国为民的担当中去追求自己的梦想,在追求自己的梦想中更好地为国为民担当。

◎ 青年人应当志存高远、脚踏实地,在实现中国梦的生动实践中放飞青春梦想,建设理想、幸福家园。

◎ 敢于有梦、勇于追梦、勤于圆梦,这既是时代对我们的呼唤,也是历史赋予我们的责任。

◎ 用热情点燃梦想,用汗水播种梦想,用奉献收获梦想。

◎ 空谈误国,实干兴邦。梦想的花朵在智慧的汗水浇灌中绽放。

◎ "对得起良心,扛得起责任,放得下得失",这就是我们中国人身上的中国力量。这种力量,攻无不克,所向无敌;这种力量,是"复兴"的保证、圆梦的基石。

◎ 培中华文化之根,聚爱国爱民之心,铸振兴中华之魂,这应该是我们每一位中华儿女义不容辞的历史担当,也应该是我们追求幸福,追求梦想的必然要求。

浓烈的家国情怀应是我们追梦的强大动力

◎ 一个人的选择,既是觉悟,也是责任。梦想,是人生最重要的选择,也是最重大的责任。

◎ 人有一字之师,学有一字之德。一个"谦"字,培养了多少优秀才俊;一个"孝"字,养育了多少优秀儿女。

◎ 我们每个人的家,都是中华复兴的最坚实基石,家庭、家风、家教,关系家庭兴旺发达的"小梦",也关系国家振兴的"大梦"。

◎ 没有国哪有家,我们每一个人都要有浓烈的家国情怀,爱家更爱国,爱国胜爱家。

◎ 有责任的人生,有品位的人生,有意义的人生,有梦想的人生,这才称得上是真正美好的人生。

◎ 仁、德是寿之神,人之宝,梦之魂。

◎ 人到无烦寿自长,人到无惑气自华,人到无求品自高。

◎ 一个人,能为社会创造财富,是一种骄傲和荣光,能自觉地把自己创造的财富为民造福,不但是荣光,更是一种高尚。一个既荣光又高尚的人,人民永远会把他刻印在心上。

◎ 权力的本质是责任,权力的宗旨是服务。没有无责任的权力,也没有无权力的责任。

◎ 建设美好的精神家园,既是广大人民群众的共同期盼,也是我们每一个人实现梦想的坚实保证。

◎ 实干兴邦,实干兴业,实干圆梦。

◎ 人民大众在你心中的位置有多高,你的美誉度就会有多好。

◎ 人民群众是我们的衣食父母,对人民群众要有感恩之心、敬畏之心、谦卑之心。

◎ 坚持为人民办事、对人民负责、向人民汇报、让人民满意的价值取向,多谋利民之事,多做利国之事,多行继往开来之举。

◎ 为民,常怀欠愧之心;用权,常有履冰之感;做事,常有巨石之压。这"三之"是我们兴国之道、圆梦之道,也是成功成才之道。

◎ 丢掉"怨"气,增长"志"气,聚合人"气",方可让追梦之舟破浪前进。

用"心"感恩,用"行"报答

◎ 五谷丰收离不开大地的滋养,实现梦想离不开祖国和人民的培养,祖国和人民就是我们成长的"大地。"

◎ 高山如果懂得感恩,就会给大地下跪;小草如果懂得感恩,就会给大地弯腰,没有大地的支撑,就没有它们的一切。人民、祖国就是我们每一个人的"大地"。

◎ 蓝天给鸟儿提供了飞翔的自由,大海给航船提供了前行的自由,伟大祖国给我们追梦圆梦提供了广阔的舞台,优越的环境,我们每个人都要用"行"去感恩,用"心"去报答。

◎ 春天温暖了你,你就应为春天添彩;时代成就了你,你就应为时代多做奉献。

◎ 即便是一块铺路石,它的担当和奉献也和桥梁一样光彩。

◎ 世上许多东西,懂得了才会珍惜,理解了才会自觉,热爱了才会追求,忠诚了才会奉献。

◎ 如果把事业当成追求就不会觉得苦;如果把压力当成动力就不会觉得难;如果把关爱当成责任就不会觉得屈;如果把担当当成享受就不会觉得累。

恩,细品才甜;情,深悟才亲

◎ 能让朋友倾诉,你是珍贵的;能让朋友倾心,你是难得的;能让朋友倾倒,你是伟大的。

◎ 把朋友从困惑和痛苦中解放出来,你是他的友人;把朋友从困难危险中解救出来,你是他的恩人;把朋友从黑暗罪恶中拯救出来,你是他的贵人。

◎ 金钱在渴求中珍贵,情感在渴求中增值,光明在渴求中辉煌。

◎ 不负我心,不负我生,不负社会。

◎ 一个人的风采和气质来自"三和":亲和、融和、平和,也来自"三力":实力、活力、包容力。

◎ 责任塑造形象,品质成就未来。

◎ 谋取幸福和享受幸福都要遵守"道德底

线",损害了"道德底线",就损害了幸福,也损害了人自身。

◎ 享受是人生的一种经历和过程。

◎ 只在物欲上追求享受的人,丢失了许许多多人生值得享受的东西,这是令人痛心的。

◎ 真诚是爱的根基,奉献是爱的脊梁,道德是爱的灵魂,理智是爱的思想。

◎ 感恩国家,感恩社会,感恩他人,这是你成功成人的重要素养,也是你追梦圆梦的基本保证。

◎ 家是小的"国",国是大的"家"。治家如治国,爱国如爱家。

◎ 深知海的价值,方可拥抱大海;深知土地的金贵,才会惜土如金。只有真正懂得中华民族复兴的大义,才会倾心投入、奋不顾身。

◎ 太阳会给你温暖,但你必须用心去体会;社会会给你关爱,但你必须用心去感受。恩,细品才甜;情,深悟才亲。

◎ 鸟在蓝天飞翔,因为有大气的依托,人在地上行走,因为有大地的支撑,我们能创造辉煌,是因为有祖国和人民的关爱。

◎ 奉献是爱的美德,真诚是爱的灵魂,快乐是爱的追求,幸福是爱的收成。

◎ 思路要开阔些,眼光要远大些,胸怀要宽广些……想前人没想过没干过的大事、新事,这样我们就能乘上时代航船,举起开放大旗,破浪前进,拥抱未来。

◎ 中国梦,我的梦,这是当今中国最动听的旋律、最有力的号角、最美丽的愿景。

◎ 光前裕后,应是一切成功者的座右铭。

◎ 你获取的别人不一定记住,你为他人为社会付出的人们永远不会忘记。

◎ 梦想,应该给前人以安慰,给自己以担当,给后人以希望。

◎ 人生最美好的东西,往往是在追求梦想中实现的。

◎ 梦想,给生命带来了活力、动力和乐趣,追梦给人生带来了风光和风采。

◎ 求新求变,创新创造,应该成为我们追求梦想、实现梦想的最强大动力。

◎ 走常人想走不敢走的路,吃常人怕吃不愿吃的苦,方为成才成功之道,也是追梦圆梦之道。

◎ 梦想,是生命旅途中的一道美景,是人生的觉悟和觉醒。

◎ 梦想,就是给自己人生设计的一条重要行进路线,一个明确的奋斗目标,一份庄严的责任与担当。

◎ 志向是梦想实现的航标。

◎ 梦想的真正价值与光彩在每一个人的执着追求之中。

◎ 梦,对于每个人来讲,可大可小,可多可少,但绝不是可有可无,没有梦想的人生等于白活一生。

◎ 伟大的梦想,蕴含着伟大的精神和抱负;伟大的精神和抱负孕育着伟大的梦想。

◎ 出路,出路,大胆走出去才有路。走出门槛,走出自我,走出束缚,走进梦想。

◎ 困难,困难,敢于冲出困境就不难。自我封闭,自我囚禁是最大的困难。

◎ 方向指引路,但不等于路,代替不了路。路,要自己走。

◎ 总想在平路上飞驰的人往往翻车。

◎ 上天给我们准备了许许多多美果,每一种美果都有很强的诱惑力。你如品尝,一要付出,二要承担风险。

◎ 一个人的机遇,是在不断冲破自身安全区和思想封锁线后获得的。

◎ 人世间的梦想千姿百态、五彩斑斓,但其"生命"的"底色"只在一个"人"字上:人品,人格,人性。

◎ 梦想,是人生前行的灯塔。灯塔的光亮度来自人生正能量的辉煌度。

◎ 对害民之事零容忍,对利民之事零懈怠,对亲民之事零距离,有了这"三零",老百姓一定笑声朗朗,幸福欢畅。

◎ 伟大的爱常常于细微之处默默传递,浓厚的情往往在无声之处静静流淌。

离开人民大众,
我们的一切都会失去根基

◎ 一个人真正的贫困是对自己的未来失去信心。善于择梦,勇于追梦,执着圆梦的人,智慧又富有。

◎ 人,可以无忧,不可以无友;可以无求,不可以无志;可以无烦,不可以无学。

◎ 只有权为民所用,情为民所系,利为民所谋,与人民同呼吸,共命运,心连心,我们的事业才会生机勃勃,我们的梦想才能光彩夺目。

◎ 无论什么人,无论做什么事,离开人民大众将"失去根基,失去血脉,失去力量"。

◎ 用心感受民众冷暖,用耳倾听民众呼声,用行破解民众疾苦。

◎ 你想享受社会给予你的温暖,你就应自觉为社会发光发热。

◎ 以百姓之心为己心,以百姓之利为己利,以百姓之忧为己忧,以百姓之乐为己乐。这样你就会无坚不摧,无往不胜。

◎ 我们每一个人,尤其是年轻人,对"梦",第一要敢想,不敢想永远没有希望;第二要敢追,不敢追再好的梦也是空的,不播种就没有收获。

最值得历史铭记的是为民拓荒开路的人

◎ 没有风雨,哪得彩虹。

◎ 民生梦的温度应该成为中国梦的温度,中国梦的前途,就是民生梦的前途。

◎ 追梦,要有勇敢的心,拼搏的劲,科学的度,坚韧的精神。

◎ 中国梦是照耀民族振兴的太阳,指引我们前行的灯塔。

◎ 梦想之树只有植根在中华文明的沃土中,才会欣欣向荣,茁壮成长。

◎ 梦想不能丢"根"弃"本",这"根"就是中华民族的优秀文化,这"本"就是人民大众。

◎ 选择梦想,别人说什么做什么并不重要,重要的是你自己怎么想怎么做,"主心骨"在自己。

◎ 振兴中华的航船,给每一个中华儿女提供了追求梦想的广阔舞台,是否能有所作为关键在自己。

◎ 要实现"碧水蓝天"的梦想,需要有"碧水蓝天"的胸怀。心态不环保,生态难环保;心灵不净洁,言行难干净。

◎ 最值得历史铭记的是为民众拓荒开路的人。

大多数人的梦想是在平凡岗位上实现的

梦语人生

登山从平地起步,梦想在平凡中起飞

◎ 最简单的事情往往最不容易做好,真正做好的事情都不简单。

◎ 平凡往往是一个人事业的起点,又往往是一个人事业的终点。平凡是伟大和成功的基石和生命。

◎ 一个人,要成就美好人生,最最重要的事情,就是永远不要丢失平凡和纯真。

◎ 伟大源于平凡,成功源于细节。细节决定成功,没有细节就没有成功。

◎ 细节中有精神、有态度、有追求。世上所有伟大事业都是从完美的细节起步,而又以完美的细节画上句号的。

◎ 一个没有伟大理想的民族是没有希望的,而只有伟大理想,不前仆后继付诸实践的民族也是没有希望的。

◎ 追梦者的品格、才智与人格决定了梦想的含金量。

◎ 凡有人群的地方都会有梦想,但有梦想的人不一定都如愿以偿。关键在于他能否立足平凡,创造出不平凡。

◎ 登山,从平地起步;梦想,在平凡中起飞。

只要人不平庸,平凡职业也能光彩照人

◎ 追梦中,最难做的一道题,就是做平常人,有平常心。

◎ 世上许多职业都是平凡的,但绝不是平庸

的。只要人不平庸,平凡职业也能光彩照人。

◎ 美好的梦在哪里,就在你平常、平凡的生活中,在你普普通通的岗位上。只要你用心熔炼自己,每个人的梦想都能大放光彩。

◎ 能在平常中发现不平常,创造出不平常,这本身就是一个美好的梦想。

◎ 心态决定状态,志向决定方向。

◎ 在无彩的地方做出光彩,这才是你的光彩;在难为的地方有为,这才是你的作为。没有光彩和作为就谈不上梦想。

◎ 无论梦想多么宏伟,我们的言行都不要忽视"平凡"和"微小",没有"平凡"和"微小",就没有成功和未来。"平凡"和"微小"能给予你一切,也能毁掉你的一切。

◎ 努力做一个不平凡的人,扎实做好每件平凡的事。

◎ 世上许许多多惊人的壮举都是平常平凡的人踏踏实实创造出来的。平凡、平常、平实是人世间所有辉煌业绩的奠基石,没有它们,就难有人间奇迹。

在平凡生活中磨炼出不平凡的自己

◎ 平凡英雄很可敬,但学起来并不容易;平实话语最可信,但兑现了也不简单;平实业绩最可学,但创造出来也很艰难。追求梦想,说起来简单平常,实践兑现困难无比。

◎ 在平凡的生活中,磨炼出不平凡的自己;在默默无闻的岗位上,创造出骄人的业绩。这样的梦想,既美丽了国家,也美丽了自己。

◎ 紧跟时代步伐,更新思想观念,自觉投入改革的洪流,使自己的梦想成为一朵美丽绽放的"迎春花"。

◎ 平凡中的善举,点滴中的坚持,就是一种令人敬佩的美德和让人信服的力量。

◎ 我们每个人只有在振兴中华的大前提下去构筑自己的梦想,生命的旋律才会优美,梦想的春天才会明媚。

◎ 追求梦想,一靠脚跟正走得稳,二靠方向对有精神。

◎ 梦想的奇迹,往往就是在平常中发现了不平常,在平凡中创造出不平凡。

◎ 做平常人,有平常心,干平常事,这既是你的"安全带",又是你的"提款机"。

◎ 人的一生,许许多多事情可以不管不问,但一定要认认真真地做好一两件事情。如果一个人一辈子连一件事都做不好,那真的就白活了。白活是对人生的极大浪费。

◎ 片纸难书天下事,寸心可悟古今情。

◎ 能过上想过的日子就是幸福的。

◎ 人气就是财气,经营人心就是经营财富。

◎ 给人一块金砖,不如给人一片赤诚;赠人一所豪宅,不如给人莫大信任。

◎ 人缘好,是你辛勤为别人付出的结果;人气旺,是你真诚关爱他人的回报。

◎ 人善处处暖,家和百乐生。

◎ 让爱管理自己,用爱关怀他人,以爱浇铸人生,这样,梦想的金杯就一定属于你。

◎ 人不容我我容人,人不助我我助人,人不爱我我爱人,这才是一个大写的人。

◎ 只有把自己看得很微小,别人才会觉得你很高大。

◎ 一个人,把自己看得低些再低些,就能少些糊涂多些清醒;少些骄傲多些谦逊;少些放纵多些自禁。有了这"三多三少",你就可在追梦途中稳步健行。

◎ 在衡量成绩、成就的天平上,如果你把"我"字看得太重太重,那么,你离同事、离集体、离社会就会越来越远,离挫折、离失败就会越来越近。

梦想之树的根
要深深扎在现实土壤之中

◎ 梦,可能是你自己的,但实现梦想只靠你自己绝对不行,没有各方支撑,没有大家关爱,你就难以圆梦。

◎ 天时、地利、人和是每一个人事业成功的"三宝",也是我们追梦、圆梦的"三宝"。

◎ 梦想之树的根必须深深扎在现实的土壤之中,否则就经不起狂风暴雨吹打。

◎ 在追梦过程中,如果你能坚持做到"助人、容人、乐人",那征途中许许多多困难都会迎刃而解。不要小看这"三人",它是人生事业的成功之道。

◎ 在你人生的旅途中,如果能多助他人,多爱他人,多敬他人,你就会少走许多"独木桥"。

◎ 一花独放不是春,百花齐放春满园。团结拼搏,良性互动,合作共赢,才能让理想之舟破浪远航。

◎ 真、诚、亲、实,是我们处事交友的"金钥匙",也是我们实现梦想的"金钥匙"。

◎ 荣辱与共,风雨同舟,应该成为所有追梦者的"座右铭"。

◎ 民为本、利天下,应该成为我们追求梦想的准绳。

◎ 梦想的成果,应追求"三度":成功的净洁度、受众的美誉度、自身的愉悦度。有了这"三度",不管其影响大小,都是光彩照人的。

◎ "接地气"是一个人事业成功的生命线,也是实现人生梦想的生命线,不"接地气"的事物总是短命的。

◎ 任何伟大的理论都离不开"地气"的滋养,一旦脱离"地气",就会失去它神圣的光泽。

◎ 每一个人的梦想都可以精彩,就看你怎么去追求,有黄金般的付出才有黄金般的收入。

◎ 黄金的光泽往往和使用者的品质成正比;梦想的光彩和追梦者心底的亮度相一致。

◎ 金钱物质是没有思想的,但拥有者会把自己的思想鲜明地刻印在上面。

◎ 追梦如登山,攀得越高,付出越大,风光越好,感受越多。

◎ 一个人真正的贫困是对自己的未来失去信心,善于择梦、勇于追梦、执着圆梦的人,智慧且富有。

◎ 只要奋力前行,梦离我们就不会太远。山不登才高,路不走才远。

◎ 一个人如果把精力都放在"自留地"上,他的"责任田"一定会荒芜,他人生的梦也一定不会精彩。

◎ 人,可以缺少金钱,但不能缺少梦想,没有梦想的人生是漂泊在风浪中没有舵的船。

◎ 一个人胸怀有多大,他生存发展的空间就有多大。在某种意义上讲,胸怀决定一个人的未来、前途。

◎ 社会上的不良风气会影响人对梦想的选择,但一个人梦想的美与丑,关键在自身。心洁梦洁,身正梦正。

◎ 梦想之路,是希望之路、幸福之路,但也是充满矛盾、斗争、艰辛之路。

◎ 做梦人是甜蜜的,追梦人是艰苦的,圆梦人是幸福的。

◎ 美好的梦想往往是从不美好的现在起步的。理想的前程往往是在不理想的境遇中成就的。

◎ 安逸于现在的美好不去努力奋进,不美好就会向你悄悄靠近。

大梦兴,小梦圆;大梦美,小梦甜

梦语人生

没有春天，百花难以争艳；没有民族的复兴，我们的梦想难以实现

◎ 把个人的小梦融入国家的、民族的大梦，应该成为每一个中华儿女的自觉与自律。

◎ 个人梦与国家梦、民族梦紧密相连。国家梦、民族梦如果是大海，个人梦就是海中的水滴；国家梦、民族梦如果是花园，个人梦就是花海中的花朵。

◎ 梦是什么？是信仰，是愿景，是期盼，是希望，也是追求。梦是多姿多彩的，有长有短，有大有小，有远有近，有物质的、精神的、情趣的、事业的，但无论哪种梦想，都应该围绕美好的人生展开。

◎ 如果说，中华民族复兴的大梦是太阳，那么，我们个人家庭的小梦，就是太阳中的一点光亮。

◎ 没有春天的阳光雨露，百花难以争奇斗艳；

没有中华民族的伟大复兴,就难有个人梦想的如愿实现。

◎ 改革大潮汹涌澎湃,它是中华民族复兴的壮丽图景,是潮头飞起的浪花,是我们美丽的梦想。

◎ 振兴中华的"大梦",是全体中华儿女千千万万"小梦"的融合体、结晶体。

◎ 梦想的翅膀,只有在时代的春风里才能腾空飞翔。

◎ 人生的梦想是凝结在心底里的追求,是沉淀在生命中的希望。

我们的美丽梦想应当成为时代旗帜上的光点

◎ 伟大的梦想,是潜伏在人们心潮底下的蛟龙,蛟龙一旦出水、腾飞,就会舞动出天地间的奇迹。

◎ 百花齐放的梦想在明媚的春光里实现,人民大众幸福欢乐的梦想,在民族复兴的大业中到来。

◎ 一个民族的伟大梦想的实现,应该是每一个公民的责任;每一个人的美好梦想的成功,也是民族大家庭的期盼。

◎ 在振兴中华的征程中,每一个中华儿女美丽梦想的实现都应该成为这个时代旗帜上的一个光点。

◎ 我们的先辈用鲜血和生命铸就了中华民族复兴的伟大梦想,我们这一代人就应该聚心竭力用智慧和汗水让伟大的中国梦开花结果,光耀神州。

◎ 不圆国家的、民族的大梦,难圆个人的、家庭的小梦,不关爱、支持个人的、家庭的小梦,国家的、民族的大梦也难以美好。

◎ 我们应该让希望的种子在祖国复兴的春天里破土而出,茁壮成长。

◎ 山河锦绣应该有我生命的色彩,中华振兴应该有我无私的奉献。

◎ 追梦的接力棒传承的是民族精神,担当的是社会责任,接受的是历史使命。

◎ 弘扬文化魂,铸造中国梦。

◎ 信念和理想是梦的基石。

中国精神是兴梦之魂,也是我们幸福之魂

◎ "中国梦"是历史的,现实的,也是未来的。

◎ "中国梦"应该是每一个青年人实现人生价值,开拓前行的"主心骨"。

◎ 每一个有志的青年,都应该自觉地把自己的名字写在中华民族伟大复兴的光辉史册上,为实现中国梦,也为实现自己的梦想,献出青春和热血。

◎ 方向决定道路,道路决定命运。

◎ 实现中国梦需要弘扬中国精神,实现个人梦、家庭梦,同样需要弘扬中国精神。中国精神是兴国之魂、强国之魂,也是我们每个人、每个家庭,兴盛、幸福之魂。

◎ 理想指引人生方向,信念决定事业成败。一个没有理想信念的人,精神上就会"缺钙"。

◎ 中国梦是你的梦,也是我的梦,是汇聚每个中国人的梦、成就每个中国人的梦。

◎ 个人的梦应该与国家的梦同呼吸,与民族的梦同命运。

◎ 祖国富强昌盛,是我们每一个人实现梦想的最基本前提与最可靠保证。

◎ 我们梦想的果实应牢牢地结在爱国主义这棵常青树上。

◎ 中国道路、中国精神、中国力量是实现中国梦最根本的保证,也是实现我们每个人、每个家庭梦想的最根本保证。

◎ "中国道路"是中国人民凝心聚力的最强大

精神磁场,也是每个中国人、中国家庭追梦、圆梦的最美好航标。

◎ 月亮之上,嫦娥苏醒;深海之下,龙宫探宝;环球之内,友邦云集……这是中华儿女的荣耀,也是中国梦的风采。

◎ 个人有信仰,人生有希望。人民有信仰,国家有力量。

◎ 如能让敬业成为你的血液,你的事业一定发达兴旺;只要你对人民大众的敬畏之心成为生命的自觉,你的人生一定会无比灿烂、荣光。

◎ 没有高度的文明自觉和生态自觉,我们就没有真正美好的幸福生活,中国梦也将成为空话。

◎ 蓝天白云、青山绿水是我们国家长远发展的最大本钱,也是我们留给子孙后代的最宝贵财富。

◎ 青山也是金山银山,而且是更加宝贵的金山银山。

◎ 我们如果失去美好的生存空间,也将失去宝贵的生存时间,没有生存空间也等于没有生存时间。

◎ 中国梦是每个中国人的精神旗帜,是指引我们前行的灯塔。

我们要让"小梦"繁花似锦,"大梦"光芒四射

◎ 做人,做事,用权,交友,都要守住底线;守不住底线,就将丧失政治生命和人生价值。

◎ 坚持理想信念,是我们走正路创事业的灵魂和根基。根基动摇,地动山摇。

◎ 只有每个人的"小梦"都出彩,国家的"大梦"才能光芒四射、繁花似锦。

◎ 人间千般好,"家"字最聚心。家教金不换,家风抵万金,育我神州苗,共铸中华魂。

◎ 真正能传承给子孙后代的并不是多少资财,

而是好的家教家风。

◎ 人生靠信仰驱动，社会靠公平引领，发展靠价值导航。

◎ 伟大的梦想，不但应该是思想，更应该是生活。只有生活成为梦想，梦想成为生活，梦想之舟才会真正扬帆远航。

◎ 让理想信念的明灯照亮我们前进的方向。

◎ 一个人，只有把握好"我"字，才能把握好梦想，把握好人生。我轻"梦"百岁，我重"梦"破碎。

◎ 个人的、家庭的小梦，要自觉地服从服务于国家的、民族的大梦，大梦兴，小梦圆，大梦美，小梦甜。

◎ 没有中华民族复兴的春天，就难有个人成长、成才、成功的硕果。没有中国梦的辉煌，就没有个人梦的希望。

国梦兴,家梦圆,己梦方成真

◎ 信仰是圆梦的动力,智慧是圆梦的翅膀,品德是圆梦的支撑,奋斗是圆梦的保证。

◎ 国梦不兴,家梦难圆,个人梦亦会成为泡影。

◎ 人生应该有梦,但要清醒地梦,梦也清醒。

◎ 梦想的火焰,如果没有坚定的信念、信仰,是难以持久燃烧的。

◎ 愚蠢的人常常做愚蠢的梦,智慧的人常常做智慧的梦,从某种意义讲,"人"就是梦,"梦"就是人。

◎ 时代的风雨是梦想萌发的土壤、社会前进的脚步,让梦想展开飞翔的翅膀,个人梦、家庭梦、民族梦相依、相存、相容。

◎ 真诚与善良,担当与奉献,应当成为梦想的骨骼与精髓。

◎ 如何择梦,可以考查出你的品位、志向;如何追梦,可以检验你的勇气和胆识;如何圆梦,可以检验你的胸怀和气量。人,进入梦想,就等于进入人生考场。

◎ 一个没有信仰的人,就像破漏的船,迟早有沉没的危险。

◎ 山高人为峰,业旺德为先。

◎ 我们每个人追梦的路径可能千差万别、千姿百态,但追梦的终极目标有一点应该是相通的,这就是利己利家利国利民。

◎ 没有坚定的信心信仰,没有强大的精神上的"正能量",实现梦想就是一句空话。

◎ 服务国家,造福人民,美好自己和家庭,这应该成为所有追梦者追梦的宗旨。

◎ 梦想,是一个人世界观、价值观、人生观愿景的"荧光屏"。

◎ 我们每一个人都需要真、善、美,都受益于真、善、美,因此,也应该崇尚真、善、美,践行真、善、美。真、善、美是我们的精神基石,是我们生活的太阳。

◎ 我们弘扬中华文化,因为它是梦想的魂;我们坚持为民的宗旨,因为它是梦想的根。只有牢牢抓住魂和根,我的人生才会始终有精气神。

◎ 价值多元,不是价值扭曲,更不是价值沦落。

◎ 价值多元,观念可以多样,但立场、信仰、人生追求绝不能无底线地多变。

◎ 利益多元不能冲破道德底线,思想多元不能触犯法律的红灯。

◎ 只有人格、人品出彩,人生的梦才会大放光彩。

◎ 心灵灰暗的人,事业难有光彩。

◎ 一个人,应该明白,你不为人人,人人却在为你;你离不开社会,社会却可以离开你。

◎ 生态兴,则文明兴,生态衰,则文明衰;生态美,我们的生活和梦想才会美。

◎ 历史不能选择,但现在可以把握,未来可以开创。

◎ 我们中华儿女要有底气,有骨气,有志气。底气来自祖国强大,骨气来自民族自尊,志气来自文明自信。

◎ 实现中国梦,需要文化力量的凝聚,需要精神旗帜的引领,需要中华儿女携手同心,奋勇前行。

◎ 我们要强化宗旨意识,提升担当自觉。

◎ 没有发现美的眼睛,便很难让美走进自己的生活。在人的成长过程中,有意识地培养发现美的眼力,对提升生命价值,有着十分重要的作用。

◎ 不崇尚美,难以认识美的价值;不践行美,难以收获美的芬芳,美的花朵在爱的滋润中绽放。

◎ 如果在国家的天平上,民众的事始终是大事,那么这个国家一定能兴旺;如果在民众的天平上,国家的事始终是大事,那么,这个民族一定有希望。

◎ 美德在哪里？美德就在日常言行里；信誉在哪里？信誉就在交往的形象里；力量在哪里？力量就在民众的心底里；希望在哪里？希望就在信心信仰里。

◎ 社会主义核心价值观是我们每个人择梦的必然内涵，追梦的共同指南，圆梦的热切期盼。

写在后面

难处、苦衷、期盼

我的人生系列丛书陆续出版发行以来,受到广大读者的广泛关注和普遍好评,热心的读者通过电话、信息、交谈、书信等途径,希望我介绍一下我自己人生的经验体会。这一要求不算高,但它却让我十分为难。我深知,"世上最难读懂的'书'就是读懂自己"。说句实话,我自己的人生感想颇多,但要说准说好真的不容易。怎么办呢?我思来想去,想出一个办法,就是在这里给大家如实地说几个我的人生生活"剪影",这些"剪影"可以真实折射出我人生的一些色彩,大家看了以后,也许能有些获益。这,就算是我给大家的一个"回音"吧。

剪影之一。我这个人,心情开朗,"忧""愁"两个字几乎和我无缘。生活中,"苦、累、烦、忧"的事不少,但我既不把它们放在眼里,也不把它们留在心上。一次,一位多年未见的老友问我"怎么样",我笑着回答说:"心灵没有皱纹,人生没有疤痕,热情还在燃烧,思想依旧奔腾。"他听了哈哈大笑:"太精彩太精彩了,你,就是你,三笑。"

剪影之二。我自小上学,就偏爱语文,工作后一直在新闻战线上拼搏,风风雨雨,从未懈怠。由于太忙,很少回老家,因此每次探亲,家人总是恋恋不舍,有说不完的话。有一次孩子们送我上车时,恳切地说:"二爷,你在外打拼多年,经验多,要多多教育我们啊!"怎么教育呢?沉思良久,我给他们发去两条信息。这两条信息,是我的切身体会,也是我人生遵循的。一条是"根植淮阴,业秀彭城。倾情百姓,堂正做人。乐于思考,勤于笔耕。心志淡定,身影清正。胸怀万象,笑度人生"。另一条是讲我律己的,"人贪我不贪,自律;人烦我不烦,淡定;人迷我不迷,自醒;人怠我不怠,奋进"。

剪影之三。有一次,我们几位文友相约登山。

上山前商定,此次游玩要以诗抒情,互学共勉。不知是压力所致,还是兴志使然,刚到半山腰,我见路边石缝间一株梅花迎风轻舞,妙不可言;山崖上苍松昂首,直指蓝天,顿时间,我心潮澎湃,文思泉涌,诗兴大发,一口气写了两首诗。第一首《我若岩边一枝梅》:"我若岩边一枝梅,面对风雨笑微微;若问此境苦不苦,根植大地就无悔。"第二首《根深不惧风》:"山崖一苍松,千年绿葱葱;躯干如盘龙,引身傲苍穹;面天表心志,根深不惧风。"看了诗,文友们说"文美、意美、情也美",两诗中一个"根"字抓住了"魂","文如其人"。后来,两位画家朋友分别以《根深不惧风》为题,特地作了两幅画赠给了我。

说了"三个剪影",最后,我把今年元旦早晨写好的一首诗奉献给大家,以此共勉。

风雨感言

元旦晨,书房内闲坐。我回想几十年来风风雨雨,感慨万千,即兴成文。

大河滔滔去,风云滚滚来;风雨人生路,需有好胸怀。成功亦可喜,失败未可哀;恩怨少计较,名利丢身外。立人志莫忘,迎风洗尘埃;书读万千卷,"真谛"在书外。

另外,我借此机会,特别向为此书作序的我的老战友、好兄弟刘逢光先生表示最衷心的谢意!逢光人品、文品俱佳,诗词、书法功底深厚,素有"泉城才子"美誉,他能为我的书作序,我非常高兴啊!

         三 笑
       2015年3月10日